ISBN 978-3-662-23502-7   ISBN 978-3-662-25573-5 (eBook)
DOI 10.1007/978-3-662-25573-5

Die in den Sitzungsberichten Abtlg. I und Abtlg. II der math.-nat. Klasse der Österr. Ak. d. Wiss. erscheinenden Abhandlungen werden auch einzeln abgegeben. Sie können durch jede Buchhandlung oder direkt durch die Auslieferungsstelle der Österreichischen Akademie der Wissenschaften (Wien I, Singerstraße 12) bezogen werden.

Nachfolgende Abhandlungen aus den Fächern **Geologie, Mineralogie** und **Geographie** sind erschienen:

1959 (S I Bd. 168):

Flügel Helmut und Maurin Viktor: Ein Vorkommen vulkanischer Tuffe bei Eibiswald (Südweststeiermark). S 4.50

Hanselmayer Josef: Beiträge zur Sedimentpetrographie der Grazer Umgebung XI. Petrographie der Gerölle aus den pannonischen Schottern von Laßnitzhöhe, speziell Grube Griessl (mit 6 Figuren auf 3 Tafeln). S 40.10

Leischner Winfried: Zur Mikrofazies kalkalpiner Gesteine (mit 17 Textabbildungen, davon 1 auf einer Beilage und 6 Tafeln). S 52.40

Mitzopoulos M.: Erster Nachweis von Gosauschichten in Griechenland (mit 3 Textabbildungen und 2 Tafeln). S 16.30

Sander Bruno: Beiträge zur morphologischen Kennzeichnung der Erde. S 89.—

Thurner Andreas: Die Geologie des Gebietes zwischen Neumarkter und Perchauer Sattel (mit 5 Textabbildungen). S 15.50

1960 (S I Bd. 169):

Hanselmayer J.: Beiträge zur Sedimentpetrographie der Grazer Umgebung XIII. Ein „Andesit-Gerölle" aus der Sandgrube in Dornegg bei Nestelbach-Schemerl (mit 2 Abbildungen auf 1 Tafel). S 11.—

Hanselmayer J.: Beiträge zur Sedimentpetrographie der Grazer Umgebung XIV. Petrographie der Gerölle aus den pannonischen Schottern von Laßnitzhöhe, speziell Grube Griessl (mit 4 Textabbildungen und 2 Tafeln). S 20.—

1961 (S I Bd. 170):

Hanselmayer Josef, Beiträge zur Sedimentpetrographie der Grazer Umgebung XV. Petrographie der pannonischen Schotter von Hönigthal (mit 1 Textabbildung und 1 Tafel). S 170—11, S 26.90

Hanselmayer Josef, Beiträge zur Sedimentpetrographie der Grazer Umgebung XVI., Ein massiges, grünlichgraues Porphyroidgerölle aus den pannonischen Schottern von der Platte-Graz (mit 1 Tafel). S 170—30, S 9.—

Vaché Raimund, Prädiluviale Hochgebirgsbrekzien im mittleren Wettersteingebirge (mit 3 Textabbildungen und 1 Beilage). S 170—31, S 15.—

1962 (S I Bd. 171):

Hanselmayer Josef, Beiträge zur Sedimentpetrographie der Grazer Umgebung XVII. Fund eines Lazulith-Quarzfels-Gerölles im Würmglazialschotter von Graz (Don Bosko) (mit 4 Abbildungen auf 1 Tafel) 171—1, S 9.—

Hanselmayer Josef, Beiträge zur Sedimentpetrographie der Grazer Umgebung XVIII. Erster Einblick in die petrographische Zusammensetzung steirischer Würmglazialschotter (speziell Schottergrube Don Bosko, Graz) (mit 4 Abbildungen auf 2 Tafeln) 171—3, S 47.—

Kaumanns M., Zur Stratigraphie und Tektonik der Gosauschichten. II. Die Gosauschichten des Kainachbeckens (mit 8 Abbildungen und 3 Tafeln) 171—17, S 50.—

Kristan-Tollmann Edith und Tollmann Alexander, Die Mürzalpendecke — eine neue hochalpine Großeinheit der östlichen Kalkalpen (mit 1 Abbildung) 171—2, S 37.—

Schoklitsch Karl, Untersuchungen an Schwermineralspektren und Kornverteilungen von quartären und jungtertiären Sedimenten des Oberpullendorfer Beckens (Landseer Bucht) im mittleren Burgenland 171—4, S 124.—

Tollmann Alexander, Die Frankenfelser Deckschollenklippen der Grestener Klippenzone als Typus tektonischer Deckschollenklippen 171—6, S 12.—

Winkler-Hermaden Arthur, Die jüngsttertiäre (sarmatisch-pannonisch-höherpliozäne) Auffüllung des Pullendorfer Beckens (‐ Landseer Bucht E. Sueß') im mittleren Burgenland und der pliozäne Basaltvulkanismus am Pauliberg und bei Oberpullendorf – Stoob (mit 5 Textabbildungen, 5 Tafeln mit je zwei Lichtbildern in Schwarzdruck und 3 Tafeln in Farbdruck) 171—5, S 84.—

Holothurien-Sklerite aus dem Torton des Burgenlandes, Österreich

Von EDITH KRISTAN-TOLLMANN

Mit 9 Tafeln

(Vorgelegt in der Sitzung am 18. Juni 1964)

Inhalt
Seite
Zusammenfassung 75
Einleitung 76
Fundortbeschreibung 76
Übersicht über die miozänen Holothurien-Sklerite aus Österreich 79
Systematische Beschreibung
    Stichopites DEFLANDRE-RIGAUD 81
    Calclamnoidea FRIZZELL & EXLINE 82
    Eocaudina MARTIN 86
    Mortensenites DEFLANDRE-RIGAUD 86
    Theelia SCHLUMBERGER 88
    Synaptites DEFLANDRE-RIGAUD 91
    Croneisites FRIZZELL & EXLINE 92
    Pachopsites n. gen. 94
    Alexandrites n. gen. 95
    Calcancora FRIZZELL & EXLINE 96
Literatur 97

Zusammenfassung

Aus den mitteltortonen, faziell verschiedenen Ablagerungen des Eisenstädter Beckens, Burgenland, wurde eine Holothurien-Fauna beschrieben, die mit ihren 17 Arten, davon 16 neu, die reichste bisher bekannte miozäne Holothurien-Fauna darstellt. Zwei neue Familien mit je einer neuen Gattung waren aufzustellen. Insgesamt sind hiermit aus dem Miozän 20 Arten bekannt.

Einleitung

Während aus den tieferen und mittleren Anteilen des Tertiärs, aus Eozän und Oligozän, nun schon eine beträchtliche Anzahl von artlich gut definierten Holothurien-Resten bekannt ist, blieb unsere Kenntnis der miozänen Holothurien-Sklerite noch ausgesprochen lückenhaft. Die ersten Abbildungen von miozänen Skleriten, und zwar aus tortonen Ablagerungen des Wiener Beckens, brachten PAPP & KÜPPER 1953, kurz nachdem O. KÜHN 1952, S. 123 darauf aufmerksam gemacht hatte, daß in den mikrofossilreichen jungtertiären Serien Österreichs auch „Holothuroiden-Sklerite . . . wohl vorkommen dürften". Die bei PAPP & KÜPPER nur familienmäßig zugeordneten Sklerite wurden von DEFLANDRE-RIGAUD 1961, S. 119 artlich benannt und zu fünf Arten, davon vier neu, gestellt. Bei Neuaufnahmen des Neogens am Südwestrand des Leithagebirges im Burgenland 1951—1953 hatte A. TOLLMANN ebenfalls Holothurien-Sklerite, und zwar gleichfalls aus dem Torton, Fundort Eisenstadt, aus Mergeln der Bolivinenzone, isoliert. Ihm verdanke ich den Hinweis auf diesen und den Fundort Müllendorf, wo bei Aufarbeitung des alten, von A. TOLLMANN gesammelten Materials und in Müllendorf reichlich neu eingeholter Proben eine Erweiterung unserer Kenntnis der tortonischen Holothurien von bisher 5 Arten auf insgesamt 20 Arten erzielt werden konnte. Unsere Kenntnis der miozänen Holothurien-Sklerite beruht demnach nach wie vor ausschließlich auf österreichischen Funden.

Herrn Prof. Dr. A. PAPP danke ich für die freundliche Erlaubnis zur Einsichtnahme des Originalmaterials, Herrn Professor Dr. O. KÜHN für rege Anteilnahme an meiner Arbeit und wertvolle Ratschläge.

Der Österreichischen Akademie der Wissenschaften verdanke ich eine Subventionierung meiner Arbeit aus Erträgnissen der Figdor-Stiftung.

Fundortbeschreibung

Aus den nun bekannten drei Fundpunkten von tortonen Holothurien-Skleriten liegt der Fundpunkt „Rauchstallbrunngraben bei Baden" im untertortonen, kalkreichen Bryozoenmergel des unteren Steinbruches und gehört der oberen Lagenidenzone an. Dieser Fundpunkt liegt in den küstennahen Ablagerungen am Westrand des Wiener Beckens (A. PAPP & K. KÜPPER 1953, S. 49).

Die beiden Fundpunkte Müllendorf und Eisenstadt befinden sich am Nordrand des benachbarten Eisenstädter Beckens.

Die Lokalität „Müllendorf" stellt die SE-Seite des Steinbruches der „Burgenländischen Kreide-AG" 150 m SW Kote 334, „Äußerer Berg"-Westseite, 1,8 km NW Müllendorf im Burgenland dar. Die Mikrofauna fand sich hier in einer dm-mächtigen Mergellinse im kreidigen Leithakalk, der hier der mitteltortonen Sandschalerzone angehört. Neben den zahlreichen, kreidig erhaltenen Holothurien-Skleriten fand sich eine im allgemeinen schlecht erhaltene, kleinwüchsige, spärliche Mikrofauna, in der nur noch Ophiurenreste und Alcyonarien-Sklerite Häufigkeit erlangen. Diese begleitende Mikrofauna umfaßt:

Foraminiferen:
Cornuspira sp. ns
Elphidium crispum (LAM.) ss
Gyroidina sp. ss
Eponides sp. ss
Rotalia viennensis (D'ORB.) s
Asterigerina planorbis (D'ORB.) ns
Cibicides lobatulus (WALKER & JACOB) ss

Ostracoden:
Hemicythere similis (RSS.) s

Übrige Mikrofauna:
Alcyonarien-Sklerite hh
Bryozoen s
Asterias-Kalkkörperchen s
Amphiura ? gigantiformis KÜPPER hh — Lateral-, Ventral-, Dorsalplatten, Wirbel, Stacheln
Seeigel-Stacheln, -Platten und -Gehäuse ns
Zähne von *Chrysophrys aurita* ns
Fischzähne ns

Die Sklerite von dem Fundpunkt „Eisenstadt" wurden in feinschichtigem Mergel in 4,5 m Tiefe bei der Brunnengrabung vom Gewerkschaftshaus in der Wienerstraße in Eisenstadt angetroffen. Aus der begleitenden Mikrofauna mit massenhaft *Uvigerina venusta liesingensis* TOULA, *Bolivina dilatata* REUSS u. a. ergibt sich die Einstufung dieser Probe in die mitteltortone Bolivinenzone. Gegenüber dem Fundort „Müllendorf" mit seiner Leithakalkfazies findet sich hier in den feinschichtigen Mergeln eine an Foraminiferen überaus reiche, zartwüchsige Mikrofauna. Sie enthält nach A. TOLLMANN 1955:

Foraminiferen:

Textularia serrata (Rss.) ss
Lagena striata D'ORB. ss
Lagena hexagona (WILLIAMSON) ss
Lagena sulcata (WALKER & JACOB) ss
Guttulina austriaca D'ORB. ss
Guttulina irregularis (D'ORB.) ss
Globulina aequalis D'ORB. h
Globulina gibba orbicularis KARR. ns
Elphidium aculeatum (D'ORB.)
Elphidium cf. *advenum* CUSHM. ss
Elphidium crispum (LAM.) hh
Elphidium fichtelianum (D'ORB.) ss
Elphidium flexuosum reussi MARKS h
Bulimina aculeata D'ORB. ss
Bulimina affinis D'ORB. ss
Bulimina elongata D'ORB. ns
Bulimina pupoides D'ORB. ns
Bulimina pyrula D'ORB. h
Entosolenia marginata (WALKER & BOYS) ns
Entosolenia div. sp. ss
Virgulina pertusa Rss. ss
Virgulina sp. ss
Bolivina dilatata Rss. hh
Bolivina punctata D'ORB. ss
Bolivina sp. s
Reussella spinulosa (Rss.) ns
Uvigerina aculeata aculeata D'ORB.
Uvigerina cf. *acuminata* HOSIUS ss
Uvigerina semiornata neudorfensis TOULA s
Uvigerina semiornata urnula D'ORB. ss
Uvigerina venusta liesingensis TOULA hh
Uvigerina venusta venusta FRANZENAU s
Gyroidina soldanii (D'ORB.) ss
Eponides haidingeri (D'ORB.) ss
Rotalia beccari (L.) h
Discorbis imperatorius (D'ORB.) s
Discorbis pileolus (D'ORB.) ss
Discorbis sp. ss
Asterigerina planorbis D'ORB. hh
Amphistegina hauerina D'ORB. ss
Cassidulina crassa D'ORB. h

Cassidulina laevigata D'ORB. h
Cassidulina oblonga RSS. ss
Cassidulina sp. ss
Allomorphina trigona RSS. ss
Allomorphina macrostoma KARR. ss
Globigerina bulloides D'ORB. h
Globigerina concinna RSS. ss
Globigerina quadrilobata D'ORB. ss
Globigerinoides triloba (RSS.) ns
Cibicides lobatulus (WALKER & JACOB) s
Cibicides ungerianus (D'ORB.) ns

Ostracoden:

? *Hemicythere* aff. *punctata* (MSTR.) s
? *Hemicythere similis* (RSS.) ns
? *Hemicythere trigonella* (RSS.) ss
Leptocythere ? *canaliculata* (RSS.) ss
Cnestocythere truncata (RSS.) s
Bythocypris sp. ss

Übrige Mikrofauna:

Silicispongiennadeln ns
Bryozoen ss
Ophiurenwirbel ss
Echinoidenstachel-*Tripneustes* ? sp. ss
Fischknochen ns
Placoidschuppen ss

Übersicht über die miozänen Holothurien-Sklerite aus Österreich

Gesamtliste der Holothurien-Sklerite:

Fundort „Baden"

Calclamnoidea kupperi (DEFLANDRE-RIGAUD)
Eocaudina tortoniensis (DEFLANDRE-RIGAUD)
Croneisites insignis n. sp.
Croneisites pappi (DEFLANDRE-RIGAUD)
„*Synaptellus*" *austriacus* DEFLANDRE-RIGAUD

Fundort „Müllendorf"

Calclamnoidea kupperi (DEFLANDRE-RIGAUD)
Calclamnoidea goniaia n. sp.
Calclamnoidea spania n. sp.
Calclamnoidea medioangusta n. sp.
Calclamnoidea ocellata n. sp.
Eocaudina subtrigonalis n. sp.
Mortensenites reticulatus n. sp.
Mortensenites hemisphaericus n. sp.
Theelia müllendorfensis n. sp.
Croneisites insignis n. sp.
Alexandrites alexandri n. gen. n. sp.

Fundort „Eisenstadt"

Stichopites subsymmetrica n. sp.
Theelia eisenstadtensis n. sp.
Synaptites aspis n. sp.
Croneisites insignis n. sp.
Croneisites incrassatus n. sp.
Pachopsites annulatus n. gen. n. sp.
Calcancora arduohamata n. sp.

Aus den beiden neu bekanntgemachten Fundpunkten Müllendorf und Eisenstadt wurden insgesamt 17 Arten beschrieben, davon sind 16 Arten neu. Zwei neue Familien und zwei neue Gattungen waren auf Grund dieses Materials neu aufzustellen. Zufolge der unterschiedlichen Fazies und Horizontierung innerhalb des Tortons trifft man in den einzelnen Fundpunkten verschiedene Holothurien-Faunen, die nur sehr wenig gemeinsame Elemente aufweisen: *Croneisites insignis* n. sp. kommt in allen drei, *Calclamnoidea kupperi* (DEFL.-RIG.) nur in zwei Fundpunkten gemeinsam vor.

Das aus dem Fundpunkt „Baden" stammende Material von PAPP & KÜPPER konnte — soweit noch vorhanden — in der Sammlung PAPP besichtigt werden. Die Exemplare 6 und 7 von Tafel 1 der Arbeit PAPP & KÜPPER 1953, darunter der Holotypus von „*Synaptellus*" *austriacus* DEFL.-RIG., 1961, waren leider verloren gegangen. Das von DEFL.-RIG. als *Synaptellus* cf. *laevigatus* (SCHLUMBERGER) determinierte Exemplar (= das verlorene Exemplar Fig. 6) wurde zu *Croneisites insignis* n. sp. gestellt.

Systematische Beschreibung

Fam.: Stichopitidae
Genus: *Stichopites* DEFLANDRE-RIGAUD, 1952, emend. FRIZZELL & EXLINE, 1955

Stichopites subsymmetricus n. sp.
(Taf. 1, Fig. 1)

Derivatio nominis: Nach den nahezu gegenständig angeordneten Seitendornen.

Holotypus: Taf. 1, Fig. 1.

Aufbewahrung: Sammlung KRISTAN-TOLLMANN, H 16, Geologisches Institut der Universität Wien.

Locus typicus: Brunnengrabung vom Gewerkschaftshaus Eisenstadt, Wienerstraße, 4,5 m Tiefe (Probe TOLLMANN 550). Burgenland, Österreich.

Stratum typicum: Miozän, Mittel-Torton, Bolivinenzone; feinschichtige Mergel mit *Uvigerina venusta liesingensis* TOULA und *Bolivina dilatata* REUSS.

Material: Ein Exemplar.

Diagnose: Eine Art der Gattung *Stichopites* DEFLANDRE-RIGAUD, 1952, emend. FRIZZELL & EXLINE, 1955 mit folgenden Besonderheiten: Flacher, stabförmiger Sklerit mit beidseits nicht ganz regelmäßig gegenständigen langen und verhältnismäßig großen und breiten Stacheln.

Beschreibung: Sklerit stabförmig, leicht gebogen, flach. Gegenständige, jedoch nicht immer ganz regelmäßig zueinander stehende, verhältnismäßig große Stacheln an beiden Seiten des Stabes. Stacheln breit, lang, sich zur gerundeten Spitze verjüngend.

Maße des Holotypus: Länge des Bruchstückes 0,17 mm.

Beziehungen: Von *Stichopites spinosus* FRIZZELL & EXLINE aus dem Mississippian unterscheidet sich unsere Art durch die wesentlich längeren Stacheln.

Bemerkung: Die Zugehörigkeit dieses Einzelskleriten zu den Holothuroidea mag wohl nicht gänzlich gesichert sein, doch scheint sie nach der Diagnose von FR. & EXL. für *Stichopites* vertretbar. Gegen die Einordnung bei den Alcyonaria spricht die flache Form des Sklerits in Verbindung mit den beidseitig angeordneten, gegenständigen, ziemlich langen Stacheln.

Fam.: Calclamnidae
Genus: *Calclamnoidea* FRIZZELL & EXLINE, 1955
Calclamnoidea kupperi (DEFLANDRE-RIGAUD, 1961)
(Taf. 4, Fig. 1—6)

1953 Kalkplättchen von Deimatidae — PAPP & KÜPPER, S. 51, Taf. 1, Fig. 1—5 (pars, Fig. 1—4).

1961 *Cucumarites kupperi* — DEFLANDRE-RIGAUD, S. 119.

1962 *Cucumarites kupperi* — DEFLANDRE-RIGAUD, S. 110.

Beschreibung: Kleinere dünne, flache Platten von meist mehr länglicher Gestalt mit unregelmäßigem Umriß. Plattenrand groß gebuchtet, wobei je eine Zacke ein Loch umschließt. Löcher kreisrund, rundlich oder länglich, verschieden groß, in ziemlichem Abstand voneinander, lockerer oder strenger in Reihen angeordnet. Lochrand glatt, rundum beidseits etwas eingebuchtet.

Maße von Fig. 3: Länge 0,21 mm.

Vorkommen: Rauchstallbrunngraben bei Baden bei Wien, Niederösterreich; Unterer Steinbruch; Unter-Torton, Obere Lagenidenzone; Bryozoenmergel.

Steinbruch „Burgenländische Kreide-AG", „Äußerer Berg"-Westseite, 1,8 km NW Müllendorf, Burgenland; Mittel-Torton, Sandschalerzone; Mergellinse in kreidigem Leithakalk; einige Exemplare.

Bemerkung: Das Originalmaterial von PAPP & KÜPPER wurde besichtigt und Fig. 2 von Taf. 1 bei PAPP & KÜPPER 1953 zum Holotypus gewählt, da es sich um das besterhaltene, kompletteste Plättchen handelt. Es ist auf Taf. 4 als Fig. 1 nochmals abgebildet. M. DEFLANDRE-RIGAUD, welche diesen Skleriten den Artnamen *kupperi* gegeben hatte, hatte keinen Holotypus ernannt. Als Paratypoid Nr. 1 wurde noch Fig. 1, Taf. 1 bei PAPP & KÜPPER auf Taf. 4 unter Fig. 2 abgebildet.

Fig. 3—6 stellt Sklerite aus dem Material von Müllendorf dar, wobei an Hand der Figuren 3 und 4 die mehr lockere Anordnung der Löcher, bei Fig. 5 und 6 die mehr regelmäßige Reihung der Löcher veranschaulicht werden soll.

Calclamnoidea goniaia n. sp.
(Taf. 4, Fig. 7—8)

Derivatio nominis: Auf Grund der eckigen Löcher.
Holotypus: Taf. 4, Fig. 8.
Aufbewahrung: Sammlung KRISTAN-TOLLMANN, H 17, Geologisches Institut der Universität Wien.
Locus typicus: SE-Seite des Steinbruches der „Burgenländischen Kreide-AG". 150 m SW Kote 334, „Äußerer Berg"-Westseite, 1,8 km NW Müllendorf im Burgenland, Österreich.
Stratum typicum: Miozän, Mittel-Torton, Sandschalerzone; Mergellinse in kreidigem Leithakalk.
Material: Wenige Exemplare.
Diagnose: Eine Art der Gattung Calclamnoidea FRIZZELL & EXLINE, 1955 mit folgenden Besonderheiten: Platten leicht gebogen, Löcher sehr variierend, rundlich bis eckig.
Beschreibung: Sklerite in Form von etwas dickeren, länglichen, leicht gebogenen Platten. Rand wahrscheinlich unregelmäßig ausgezackt. Löcher in Größe und Gestalt sehr variierend, zum Plattenrand jedoch allgemein kleiner werdend, kreisrund, rundlich, eckig bis gezackt mit ein- oder vorspringenden Ecken. Löcherzwischenräume wirken wie schmale, hohe Stege. Leichte Verkrustung der Platten täuscht bei einigen Löchern Zähnchenrand vor, doch ist der Lochrand glatt.
Maße des Holotypus: Größter Durchmesser 0,23 mm.

Calclamnoidea spania n. sp.
(Taf. 5, Fig. 1)

Derivatio nominis: Nach der spärlichen randlichen Verteilung der Löcher.
Holotypus: Taf. 5, Fig. 1.
Aufbewahrung: Sammlung KRISTAN-TOLLMANN, H 18, Geologisches Institut der Universität Wien.
Locus typicus: SE-Seite des Steinbruches der „Burgenländischen Kreide-AG". 150 m SW Kote 334, „Äußerer Berg"-Westseite, 1,8 km NW Müllendorf im Burgenland, Österreich.
Stratum typicum: Miozän, Mittel-Torton, Sandschalerzone; Mergellinse in kreidigem Leithakalk.
Material: Wenige Exemplare, Bruchstücke.

Diagnose: Eine Art der Gattung *Calclamnoidea* FRIZZELL & EXLINE, 1955 mit folgenden Besonderheiten: Zarte Platten mit kleinen, unregelmäßig rundlichen Löchern, die zum Plattenrand hin kleiner und spärlicher werden. Platten auf einer Seite flach, auf der anderen hoch, wobei die Lochzwischenräume auf der hohen Seite spitz und scharfrandig zueinander laufen.

Beschreibung: Zarte, kleine, unregelmäßig begrenzte Platten mit ausgezacktem Rand. Platten auf einer Seite flach, auf der anderen Seite hoch, wobei die Zwischenräume zwischen den Löchern sich nach oben verjüngen und scharfrandig zueinander laufen. Die Löcher sehen auf dieser Seite scharfrandig-kraterförmig aus. Löcher glattrandig, klein, rundlich mit variierendem Umriß, manchmal auch mit einspringenden Buchtungen. Gegen außen hin, zum Plattenrand, werden die Löcher sehr klein und spärlich.

Maße des Holotypus: Größter Durchmesser 0,27 mm.

Beziehungen: Von *Calclamnoidea medioangusta* n. sp. aus dem gleichen Fundpunkt unterscheidet sich diese Art durch die größeren Löcher in größerem Abstand und durch den breiten, wenig durchlöcherten Plattenrand. Gegenüber *Eocaudina subtrigonalis* n. sp. hat unsere Art wieder wesentlich kleinere Löcher. Weitere Unterschiede ergeben sich aus der Gestalt der Platten und aus dem Plattenrand.

Calclamnoidea medioangusta n. sp.
(Taf. 5, Fig. 2)

Derivatio nominis: Nach den häufig median eingebuchteten Löchern.

Holotypus: Taf. 5, Fig. 2.

Aufbewahrung: Sammlung KRISTAN-TOLLMANN, H 19, Geologisches Institut der Universität Wien.

Locus typicus: SE-Seite des Steinbruches der „Burgenländischen Kreide-AG". 150 m SW Kote 334, „Äußerer Berg"-Westseite, 1,8 km NW Müllendorf im Burgenland.

Stratum typicum: Miozän, Mittel-Torton, Sandschalerzone; Mergellinse in kreidigem Leithakalk.

Material: Einige wenige Exemplare.

Diagnose: Eine Art der Gattung *Calclamnoidea* FRIZZELL & EXLINE, 1955 mit folgenden Besonderheiten: Sehr zarte, kleine Platten mit eng stehenden kleinen Löchern. Löcher vorwiegend länglich, oft mit Einbuchtungen. Platten auf einer Seite flach, auf der anderen Seite hoch, wobei sich die Lochzwischenräume auf der hohen Seite gegen oben verjüngen.

Beschreibung: Sehr zarte und kleine Platten, nur in Bruchstücken vorhanden. Plattenrand vermutlich unregelmäßig ausgezackt. Platten auf einer Seite flach, auf der anderen Seite hoch, wobei die schmalen Lochzwischenräume stegförmig hochstehen und sich nach oben scharfrandig verjüngen. Löcher eng beieinander stehend, sehr klein, glattrandig, rundlich bis vorwiegend länglich, mit ein- oder zweiseitigen kleinen Einbuchtungen des Randes im mittleren Abschnitt der länglichen Löcher. Löcher bisweilen annähernd rosettenförmig angeordnet.

Maße des Holotypus: Größter Durchmesser 0,20 mm.

Beziehungen: Unsere Art unterscheidet sich von *Calclamnoidea spania* n. sp. vornehmlich durch die kleineren, eng beisammenstehenden, länglichen Löcher.

Calclamnoidea ocellata n. sp.
(Taf. 5, Fig. 3)

Derivatio nominis: Nach der augenförmigen Warzenskulptur.
Holotypus: Taf. 5, Fig. 3.
Aufbewahrung: Sammlung KRISTAN-TOLLMANN, H 20, Geologisches Institut der Universität Wien.
Locus typicus: SE-Seite des Steinbruches der „Burgenländischen Kreide-AG". 150 m SW Kote 334, „Äußerer Berg"-Westseite, 1,8 km NW Müllendorf im Burgenland.
Stratum typicum: Miozän, Mittel-Torton, Sandschalerzone; Mergellinse in kreidigem Leithakalk.
Material: Ein Exemplar, Bruchstück.
Diagnose: Eine Art der Gattung *Calclamnoidea* FRIZZELL & EXLINE, 1955 mit folgenden Besonderheiten: Dickere, stark gebogene Platten mit großen flachen Löchern und kleineren runden Löchern, welche auf einer Seite von einer kreisrunden, hohen Warze umgeben sind.
Beschreibung: Ziemlich stark gebogene, dickere, ganz durchscheinend-glasklare Platte mit unregelmäßig abgegrenztem (gebrochenem) Umriß. Einige sehr große und etwas kleinere Löcher von unregelmäßig-rundlicher Gestalt und glattem, beidseits flachem Rand. Dazwischen kleinere, etwa kreisrunde, ebenfalls glattrandige Löcher, welche auf der konvexen Seite der Platte von runden, hohen, oben etwas abgeflachten Warzen umgeben sind. Diese Löcher gehen durch, sind aber nicht etwa auf der konkaven Plattenseite ausgehöhlt, sondern auf dieser Seite ebenso flach begrenzt wie die andere Art Löcher. Die warzenartigen Höcker sind also nur aufgesetzt und kompakt. Durch eine sekundäre Verkrustung und Ausfüllung der Warzen-Löcher wurden manche verstopft und dadurch ein Nichtdurchgehen einiger Löcher vorgetäuscht.

Maße des Holotypus: Größter Durchmesser 0,31 mm.

Genus: *Eocaudina* MARTIN, 1952, emend. FRIZZELL & EXLINE, 1955.

Zu Nomenklaturfragen, diese Gattung betreffend, wurde schon an anderer Stelle (E. KRISTAN-TOLLMANN 1963, S. 355) Stellung genommen.

Eocaudina subtrigonalis n. sp.
(Taf. 6, Fig. 1, 2)

Derivatio nominis: Nach den zahlreichen gerundet-dreieckigen Löchern.
Holotypus: Taf. 6, Fig. 1.
Aufbewahrung: Sammlung KRISTAN-TOLLMANN, H 21, Geologisches Institut der Universität Wien.
Locus typicus: SE-Seite des Steinbruches der „Burgenländischen Kreide-AG". 150 m SW Kote 334, „Äußerer Berg"-Westseite, 1,8 km NW Müllendorf im Burgenland.
Stratum typicum: Miozän, Mittel-Torton, Sandschalerzone; Mergellinse in kreidigem Leithakalk.
Material: Einige wenige Exemplare.
Diagnose: Eine Art der Gattung *Eocaudina* MARTIN, 1952, emend. FRIZZELL & EXLINE, 1955 mit folgenden Besonderheiten: Große Platten mit großen, rundlichen, oft gerundet dreieckigen Löchern in größerem Abstand voneinander. Platten auf einer Seite hoch, auf der anderen Seite flach.
Beschreibung: Rundliche, große Platten mit wellig ausgebuchtetem Rand, wobei je eine kleine rundliche Zacke über einem Loch steht.
Platten eben oder etwas gekrümmt, auf einer Seite flach, auf der anderen Seite hoch, wobei sich die Zwischenräume zwischen den Löchern nach oben verjüngen. Löcher glattrandig, verschieden groß, gerundet bis kreisrund, manche rundlich-dreieckig, zum Plattenrand hin nicht kleiner werdend, sondern gleichbleibend.
Maße des Holotypus: Größter Durchmesser 0,50 mm.

Genus: *Mortensenites* DEFLANDRE-RIGAUD, 1952, emend. FRIZZELL & EXLINE, 1955

Mortensenites reticulatus n. sp.
(Taf. 7, Fig. 1, 2)

Derivatio nominis: Nach der netzförmigen Löcheranordnung.
Holotypus: Taf. 7, Fig. 2.

Aufbewahrung: Sammlung KRISTAN-TOLLMANN, H 22, Geologisches Institut der Universität Wien.

Locus typicus: SE-Seite des Steinbruches der „Burgenländischen Kreide-AG". 150 m SW Kote 334, „Äußerer Berg"-Westseite, 1,8 km NW Müllendorf im Burgenland.

Stratum typicum: Miozän, Mittel-Torton, Sandschalerzone; Mergellinse in kreidigem Leithakalk.

Material: Einige wenige Exemplare.

Diagnose: Eine Art der Gattung *Mortensenites* DEFLANDRE-RIGAUD, 1952, emend. FRIZZELL & EXLINE, 1955 mit folgenden Besonderheiten: Platten aus zwei bis drei Lagen. Schmale Zonen von kleinen, eng stehenden Löchern mit ganz dünnen Stegen, dazwischen umschließen größere, ein wenig gewölbte, glatte Felder ohne Löcher. Diese Anordnung der Felder geht durch die Platten in mehr-minder gleicher Weise weiter, die Stellung und Zahl der Löcher innerhalb der schmalen Lochzonen ist jedoch bei den einzelnen Platten verschieden.

Beschreibung: Sklerite in Form von mehrlagigen, sehr zarten Platten variierenden Umrisses, da nur Bruchstücke vorhanden. Bei den meisten Exemplaren wurden zwei Lagen festgestellt, oft auch diese zweite Lage größtenteils weggebrochen, selten drei. Möglicherweise bestehen ganz erhaltene Sklerite aus noch mehr Lagen. Die Löcher sind klein und rundlich, glattrandig, vorwiegend länglich, eng beieinander stehend, mit ganz dünnen Stegen dazwischen, in schmalen Zonen angeordnet, welche glatte, leicht gewölbte Felder umschließen. Die Löcher können senkrecht oder schräg zur Platte verlaufen. Die Anordnung der Felder und Lochzonen findet sich auf der oder den anderen Lagen weitgehend wieder, die Stellung und Zahl der Löcher innerhalb der schmalen Zonen weicht aber ab. Diese Sklerite geben das Bild eines spitzenartigen, sehr zarten und zerbrechlichen Gitterwerks.

Maße des Holotypus: Größter Durchmesser 0,34 mm.

Bemerkung: Vertreter der Gattung *Mortensenites* waren nach FRIZZELL & EXLINE (1955) nur aus dem Jura (Lias) bekannt. Eine Art dieser Gattung konnte aus der Mittel-Trias (Ober-Ladin) von Südtirol beschrieben werden (E. KRISTAN-TOLLMANN 1964, S. 12). Meines Wissens werden hier die ersten Arten aus dem Tertiär genannt, welche auch, entsprechend der Gattungsdiagnose, einwandfrei bei dieser Gattung eingereiht werden können. Die scheinbare Lücke im Auftreten der Gattung zwischen tiefstem Jura und Jungtertiär wird sich wohl bei eingehenderer Kenntnis der Holothurien-Reste aus den dazwischenliegenden Formationen schließen lassen.

Mortensenites hemisphaericus n. sp.
(Taf. 7, Fig. 3)

Derivatio nominis: Nach den halbkugelig vorspringenden Überdachungen der schrägen Löcher.

Holotypus: Taf. 7, Fig. 3.

Aufbewahrung: Sammlung KRISTAN-TOLLMANN, H 23, Geologisches Institut der Universität Wien.

Locus typicus: SE-Seite des Steinbruches der „Burgenländischen Kreide-AG". 150 m SW Kote 334, „Äußerer Berg"-Westseite, 1,8 km NW Müllendorf im Burgenland.

Stratum typicum: Miozän, Mittel-Torton, Sandschalerzone; Mergellinse in kreidigem Leithakalk.

Material: Sehr wenige Exemplare.

Diagnose: Eine Art der Gattung *Mortensenites* DEFLANDRE-RIGAUD, 1952, emend. FRIZZELL & EXLINE, 1955 mit folgenden Besonderheiten: Platten für gewöhnlich aus drei durch dünne senkrechte Stäbchen in gleichem Abstand verbundenen Lagen zusammengesetzt. Löcher auf jeder Platte eigenständig. Normale flache Löcher und hohle halbkugelige Erhöhungen mit in verschiedenen Richtungen (nicht ausgerichteten) seitlich liegenden, schräg verlaufenden Löchern.

Beschreibung: Sklerite in Form von länglichen Platten aus gewöhnlich drei durch kleine, dünne, senkrechte Verbindungsstäbchen zusammengesetzten Lagen ausgebildet. Plattenrand schwach gebuchtet. Löcher nicht durchgehend, sondern in jeder Platte verschieden angeordnet. Abstand zwischen den einzelnen Löchern variierend. Zwei Arten von Löchern: Rundliche bis kreisrunde, flache, normale, senkrechte Löcher und schräg verlaufende Löcher, welche an der Seite von hohlen, halbkugeligen, nicht ausgerichteten Erhöhungen liegen. Beide Locharten glattrandig. Rund dreimal mehr gerade Löcher als solche mit Kuppel.

Maße des Holotypus: Größter Durchmesser 0,47 mm.

Fam.: Theeliidae

Genus: *Theelia* SCHLUMBERGER, 1890

Zu Nomenklaturfragen, diese Gattung betreffend, wurde schon an anderer Stelle (E. KRISTAN-TOLLMANN 1963, S. 354) Stellung genommen.

Theelia eisenstadtensis n. sp.
(Taf. 1, Fig. 2)

Derivatio nominis: Nach dem Fundort Eisenstadt.
Holotypus: Taf. 1, Fig. 2.
Aufbewahrung: Sammlung KRISTAN-TOLLMANN, H 24, Geologisches Institut der Universität Wien.
Locus typicus: Brunnengrabung vom Gewerkschaftshaus Eisenstadt, Wienerstraße, 4,5 m Tiefe (Probe TOLLMANN 550). Burgenland, Österreich.
Stratum typicum: Miozän, Mittel-Torton, Bolivinenzone; feinschichtige Mergel mit *Uvigerina venusta liesingensis* TOULA und *Bolivina dilatata* REUSS.
Material: Ein Exemplar.
Diagnose: Eine Art der Gattung *Theelia* SCHLUMBERGER, 1890 mit folgenden Besonderheiten: Kleines, gedrungenes Rädchen. Speichen zur Felge stark verdickt. Felgeninnenrand auf der Oberseite unregelmäßig gezähnelt, mit einzelnen größeren Höckern. Nabe auf der Oberseite zugespitzt, auf der Unterseite ein kleiner flacher Knopf.
Beschreibung: Sklerit in Form eines kleinen, mittelhohen, gedrungenen Rädchens mit sechs Speichen. Speichen nur auf der Unterseite des Rädchens beobachtbar, da Oberseite verkrustet. Speichen von dreieckigem Umriß mit der Spitze bei der Nabe, zum Außenrand stark verdickt — verbreitert und erhöht. Speichenzwischenräume schmal, annähernd dreieckig, außen etwas ausgebuchtet. Nabe klein, auf der Oberseite zu einer kleinen scharfen Spitze ausgezogen, auf der Unterseite klein, flach, rund, knopfförmig. Felge hoch, geradrandig, auf der Oberseite am Innenrand unregelmäßig gezähnelt und mit sechs größeren Höckern besetzt, nur wenig eingekrempelt.
Maße des Holotypus: Durchmesser 0,12 mm, Höhe 0,05 mm.

Theelia müllendorfensis n. sp.
(Taf. 3, Fig. 5—7)

Derivatio nominis: Nach dem Fundort Müllendorf.
Holotypus: Taf. 3, Fig. 7.
Aufbewahrung: Sammlung KRISTAN-TOLLMANN, H 25, Geologisches Institut der Universität Wien.
Locus typicus: SE-Seite des Steinbruches der „Burgenländischen Kreide-AG". 150 m SW Kote 334, „Äußerer Berg"-Westseite, 1,8 km NW Müllendorf im Burgenland.
Stratum typicum: Miozän, Mittel-Torton, Sandschalerzone; Mergellinse in kreidigem Leithakalk.

Material: Etliche Exemplare.

Diagnose: Eine Art der Gattung *Theelia* SCHLUMBERGER, 1890 mit folgenden Besonderheiten: Sehr einfache flache Rädchen mit dickerer, kegelförmiger Nabe auf der Oberseite und ganz kleiner knopfförmiger Nabe auf der Unterseite. Speichen unten daher länger ausgebildet als oben; auf der Unterseite stark hochgebogen.

Beschreibung: Kleinere bis mittelgroße, flachere Rädchen mit sechs Speichen. Speichen schmal, sich gegen außen mählich verbreiternd, auf der Unterseite bei der Nabe stark eingesenkt und hernach hoch aufgebogen, am äußeren Ende leicht verdickt. Nabe auf der Unterseite nur ein kleiner Höcker, auf der Oberseite hingegen wesentlich größer, kegelförmig mit abgestumpfter Spitze. Die Speichen, welche auf der Oberseite, bedingt durch die große Nabe, viel früher enden, zeichnen sich auf der Unterseite auf der großen Nabe ab und reichen hier, um einiges länger, bis zu dem kleinen Knopf in der Radmitte. Speichenzwischenräume infolgedessen unten dreieckig, von oben gesehen aber dreieckig mit abgestutzter Spitze. Äußere Begrenzung halbkreisförmig. Felge schmal, geradrandig, gekantet, nach unten etwas erweitert, oben stärker eingekrempelt. Felgeninnenrand glatt. Nabe auf der Oberseite über den Felgenrand herausstehend. Rädchenumriß rund, selten über einigen Speichenzwischenräumen leicht ausgebuchtet.

Maße des Holotypus: Durchmesser 0,17 mm, Höhe 0,05 mm.

Beziehungen: Ein derart einfaches, glattes Rädchen wie das vorliegende, welches schon der Grundform eines Theelien-Rädchens weitgehend gleichkommt, zeigt natürlich nicht viele Besonderheiten. Dennoch weist es gegenüber anderen ebenso einfachen Rädchen noch genügend Unterschiede auf, welche eine spezifische Differenzierung ermöglichen. *Theelia lanceolata* (SCHLUMBERGER) aus dem Eozän unterscheidet sich von unserer Art vornehmlich durch den eckigen Umriß, den gezähnelten Felgenrand und durch die flache Nabe. Bei *Theelia venusta* (MÜLLER) aus der Oberkreide zeigt wiederum die Nabe hervortretend abweichende Merkmale, denn sie ist auf der Oberseite groß, breit und flach, bei unserer Art hingegen schmal, hoch, kegelförmig, auf der Unterseite aber breit und zur Mitte eingesenkt, während sich bei unserer Art die Speichen bis nahezu in das Zentrum, bis zu einem sehr kleinen Nabenhöcker, fortsetzen. *Theelia wessexensis* H., H. & L. aus dem Unter-Malm unterscheidet sich durch die gleichbleibende Breite der Speichen und wieder durch die gänzlich andersartige Ausbildung der Nabe, welche sich dort z. B. auf der Oberseite als flach mit gelegentlichen Höckern am inneren Speichenende erweist.

Fam.: Synaptitidae

Bei der systematischen Einteilung dieser Familie halte ich mich nach der gut fundierten Revision durch FRIZZELL & EXLINE 1957.

Genus: *Synaptites* DEFLANDRE-RIGAUD, 1949, emend. FRIZZELL & EXLINE, 1955

Synaptites aspis n. sp.
(Taf. 1, Fig. 5)

Derivatio nominis: Nach der Schildform.

Holotypus: Taf. 1, Fig. 5.

Aufbewahrung: Sammlung KRISTAN-TOLLMANN, H 26, Geologisches Institut der Universität Wien.

Locus typicus: Brunnengrabung vom Gewerkschaftshaus Eisenstadt, Wienerstraße, 4,5 m Tiefe (Probe TOLLMANN 550). Burgenland, Österreich.

Stratum typicum: Miozän, Mittel-Torton, Bolivinenzone; feinschichtige Mergel mit *Uvigerina venusta liesingensis* TOULA und *Bolivina dilatata* REUSS.

Material: Zwei Exemplare.

Diagnose: Eine Art der Gattung *Synaptites* DEFLANDRE-RIGAUD, 1949, emend. FRIZZELL & EXLINE, 1955 mit folgenden Besonderheiten: Sklerit schmal oval, sich gegen oben verjüngend, mit unten glattem, gerundetem Rand, zwei Zentrallöchern im breiteren Teil, umgeben von einem Kranz zahlreicher kleinerer Löcher. Schmaler Teil schildförmig, mit kleinen Löchern versehen. An der Außenseite kein Querbügel, sondern kleine randliche Bügel oder gar kein Bügel.

Beschreibung: Sklerit in Form einer schwach konkavokonvexen, schmal ovalen Platte mit breit gerundetem unterem Ende und schmälerem, schildförmigem, schmal gerundetem oberem Ende. Im unteren breiten Teil zwei große Zentrallöcher übereinander, umgeben von zahlreichen kleineren Löchern (hier neun). Alle Löcher des breiten Teiles haben einen gezähnelten Rand, während die Löcher des schmalen Teiles glattrandig sind. Diese sehr kleinen Löcher sind unregelmäßig angeordnet. Bei den vorhandenen Skleriten ist der obere Teil beschädigt und verkrustet, so daß über Beschaffenheit und Lage des oder der Bügel keine genaue Aussage getroffen werden kann. Es hat jedoch den Anschein, als seien kein großer Querbügel, sondern ein oder zwei kleine randliche Bügel ausgebildet.

Maße des Holotypus: Höhe 0,16 mm, Breite 0,10 mm.

Genus: *Croneisites* FRIZZELL & EXLINE, 1957
Croneisites insignis n. sp.
(Taf. 1, Fig. 3, 4; Taf. 3, Fig. 1—4)

1953 Kalkplättchen von Molpadiidae — PAPP & KÜPPER, S. 50, Taf. 1, Fig. 6.
1961 *Synaptellus* cf. *laevigatus* (SCHLUMBERGER) — DEFLANDRE-RIGAUD, S. 119.
1962 *Synaptellus* cf. *laevigatus* (SCHLUMBERGER) — DEFLANDRE-RIGAUD, S. 110.

Derivatio nominis: Nach der schmuckartigen Form.
Holotypus: Taf. 1, Fig. 3.
Aufbewahrung: Sammlung KRISTAN-TOLLMANN, H 27, Geologisches Institut der Universität Wien.
Locus typicus: Brunnengrabung vom Gewerkschaftshaus Eisenstadt, Wienerstraße, 4,5 m Tiefe (Probe TOLLMANN 550). Burgenland, Österreich.
Stratum typicum: Miozän, Mittel-Torton, Bolivinenzone; feinschichtige Mergel mit *Uvigerina venusta liesingensis* TOULA und *Bolivina dilatata* REUSS.
Material: Zahlreiche Exemplare.
Diagnose: Eine Art der Gattung *Croneisites* FRIZZELL & EXLINE, 1957 mit folgenden Besonderheiten: Breit birnenförmiger Sklerit mit großem Querbügel am kleinen schmalen Teil und nur einem einzigen kleinen Loch an der Spitze. Im breiten Teil 1 Zentralloch und sechs umgebende, ebenso große Löcher mit gezähneltem Rand.
Beschreibung: Sklerite von konkavkonvexer, breit birnenförmiger, etwas länglicherer oder kürzerer Gestalt. Außenrand glatt und über jedem Loch leicht ausgebuchtet, bei den Ansatzstellen des Querbügels eingezogen. Im breiten Teil ein Zentralloch und sechs rundum angeordnete Löcher, alle gleich groß und mit fein gezähneltem Rand versehen. Darüber folgen zwei schräg liegende, längliche, meist glattrandige Löcher mit den Ansatzstellen des Querbalkens, die zu dem sehr kleinen und kurzen Schmalteil überleiten. In der Mitte dieses schmalen Endes befindet sich jeweils nur ein einziges kleines, glattrandiges Loch. Der außen befindliche, kräftige, von einem Rand zum anderen reichende Querbügel ist mehrminder nach unten durchgebogen.
Maße des Holotypus: Höhe 0,15 mm, Breite 0,13 mm.
Beziehungen: Von *Croneisites laevigatus* (SCHLUMBERGER) unterscheidet sich unsere Art durch die gezähnelten Lochränder und den kurzen, gedrungenen schmalen Teil mit nur einem einzigen kleinen Loch. Gegenüber *Croneisites pappi* (DEFL.-RIG.) ebenfalls

durch das einzige Loch im schmalen Teil, während der leider gerade im schmalen Teil nur sehr unvollständig erhaltene Holotypus, der zum Vergleich nochmals abgebildet wurde (Taf. 1, Fig. 6), Ansatzstellen zu mehreren Löchern erkennen läßt.

Bemerkungen: Das Originalmaterial von PAPP & KÜPPER, welches bei A. PAPP im Paläontologischen Institut der Universität Wien aufbewahrt wird, wurde besichtigt. Leider war der Holotypus zu ,,*Synaptellus*" *austriacus* DEFL.-RIG., welcher nicht sehr gut abgebildet ist und sicherlich ein nicht vollständiges Exemplar darstellt, sowie das Exemplar, welches von DEFL.-RIG. als *Synaptellus* cf. *laevigatus* bezeichnet worden war, verlorengegangen. Lediglich der Holotypus zu ,,*Synaptellus*" *pappi* DEFL.-RIG. ist noch vorhanden und wurde, da in der Erstabbildung nicht präzise, nochmals auf Taf. 1, Fig. 6, dargestellt. Es ist anzunehmen, daß auch bei ,,*Synaptellus*" cf. *laevigatus*, bei welchem der Querbügel deutlich zu erkennen ist, die feine Zähnelung der Lochränder und das oberste kleine Loch im schmalen Teil jedoch übersehen worden waren, und daß dieser Sklerit, auch besonders auf Grund seines äußeren Umrisses, bei unserer neuen Art eingereiht werden kann. Mit ,,*Synaptellus*" *austriacus* DEFL.-RIG. läßt sich unser Material nicht vergleichen.

Croneisites incrassatus n. sp.

(Taf. 1, Fig. 7—9)

Derivatio nominis: Nach dem verdickten schmalen Ende.
Holotypus: Taf. 1, Fig. 7.
Aufbewahrung: Sammlung KRISTAN-TOLLMANN, H 28, Geologisches Institut der Universität Wien.
Locus typicus: Brunnengrabung vom Gewerkschaftshaus Eisenstadt, Wienerstraße, 4,5 m Tiefe. Burgenland, Österreich.
Stratum typicum: Miozän, Mittel-Torton, Bolivinenzone; feinschichtige Mergel mit *Uvigerina venusta liesingensis* TOULA und *Bolivina dilatata* REUSS.
Material: Sieben Exemplare.
Diagnose: Eine Art der Gattung *Croneisites* FRIZZELL & EXLINE, 1957 mit folgenden Besonderheiten: Hoch birnenförmiger Sklerit mit gebuchtetem Rand und verdicktem schmalem Teil ± kleinen Löchern. Breiter Teil mit Zentralloch und sechs umgebenden Löchern. Diese gleich groß und gezähnelt.
Beschreibung: Sklerit schmäler birnenförmig, konkavkonvex, mit glattem, besonders unten gebuchtetem Rand. Sklerit gegen oben schmäler werdend, aber bei den Ansatzstellen des Querbügels ein wenig herausgewölbt. Im breiteren Teil ein Zentralloch, umgeben

von sechs annähernd gleich großen Löchern mit feingezähneltem Rand. Darüber folgen zwei seitliche längliche Löcher mit den Ansatzstellen des Querbügels. Der schmale Teil ist glatt oder mit einzelnen kleinen Löchern versehen. Charakteristisch ist die Verdickung, besonders die buckelartige Verdickung des äußeren schmalen Endes auf der Innenseite. Auf der konkaven Seite ein starker Querbügel, in der Mitte leicht nach unten durchgebogen, der von einem zum anderen Rand reicht.

Maße des Holotypus: Höhe 0,18 mm, Breite 0,14 mm.

Beziehungen: Von *Croneisites laevigatus* (SCHLUMBERGER) unterscheidet sich unsere Art nicht nur durch die gezähnelten Lochränder, sondern auch durch den verdickten schmalen Teil mit weit weniger Löchern.

Fam.: Pachopsitidae n. fam.

Diagnose: Längliche, ovale oder rundliche, flache oder gebogene, einlagige, durchlochte Platten mit dezentralisiertem großem Loch mit oder ohne Verzierung, mit oder ohne umgebende Verdickung. Einzige bisher bekannte, hierher gehörige Gattung: *Pachopsites* n. gen.

Bisher bekannte Verbreitung: Torton.

Genus: *Pachopsites* n. gen.

Derivatio nominis: pachys (griech.) = dick, opsis (griech.) = Auge. Nach dem verdickten, ringförmig umgrenzten Auge.

Generotypus: *Pachopsites annulatus* n. gen. n. sp.

Genusdiagnose: Sklerite in Form von länglichen, ovalen oder rundlichen Platten mit einem dezentrierten, verdickt umrandeten großen Loch.

Pachopsites annulatus n. gen. n. sp.
(Taf. 2, Fig. 2)

Derivatio nominis: Nach dem ringförmigen Wulst um das Hauptloch.

Holotypus: Taf. 2, Fig. 2.

Aufbewahrung: Sammlung KRISTAN-TOLLMANN, H 29, Geologisches Institut der Universität Wien.

Locus typicus: Brunnengrabung vom Gewerkschaftshaus Eisenstadt, Wienerstraße, 4,5 m Tiefe. Burgenland, Österreich.

Stratum typicum: Miozän, Mittel-Torton, Bolivinenzone; feinschichtige Mergel mit *Uvigerina venusta liesingensis* TOULA und *Bolivina dilatata* REUSS.

Material: Ein Exemplar.

Diagnose: Typusart der Gattung *Pachopsites* n. gen. mit folgenden Besonderheiten: Platte mit ovalem Umriß, mittelgroßen, glattrandigen Löchern in verschiedenen Abständen und dezentriertem, randlich gelegenem, auf einer Seite ringförmig verdickt umrandetem Loch mit kreisrunder Umrahmung auf der erhöhten Seite.

Beschreibung: Sklerit in Form einer ovalen Platte mit glattem, zum Großteil jedoch abgebrochenem Rand. Mittelgroße, glattrandige, rundliche Löcher in variierendem, oft großem Abstand. Dezentriert, randlich an einem Schmalende, ist die Platte um ein großes Loch verdickt. Auf der etwas konkav gebogenen Außenseite ist der Lochrand glatt und rundlich. Auf der anderen Seite ist das Loch kreisrund, umrahmt, durch einen kreisförmig rundum verlaufenden Wulst umgeben und erhöht.

Maße des Holotypus: Höhe 0,27 mm, Breite 0,23 mm.

Fam.: Alexandritidae n. fam.

Diagnose: Längliche bis ovale, flache bis stark durchgebogene, mehrlagige Platten, wobei jede Lage ihre eigene Durchlochung hat. Schmales Ende verdickt, glatt oder durchlocht.

Einzige bisher bekannte, hierher gehörige Gattung: *Alexandrites* n. gen.

Bisher bekannte Verbreitung: Torton.

Genus: *Alexandrites* n. gen.

Derivatio nominis: Nach meinem Mann, Alexander Tollmann, benannt, von dem ich die ersten tortonen Holothurien-Sklerite erhalten habe.

Generotypus: *Alexandrites alexandri* n. gen. n. sp.

Genusdiagnose: Sklerite in Form von länglichen, birnenförmig umgrenzten, gebogenen, vielschichtigen Platten mit verdicktem Mittelteil und verdicktem schmalem Endteil. Durchlochung nicht durchgehend, sondern jede Platte selbständig durchlocht. Schmaler Teil wenig oder nicht durchlocht.

Alexandrites alexandri n. gen. n. sp.
(Taf. 8, Fig. 1; Taf. 9, Fig. 1)

Derivatio nominis: Nach meinem Mann, Alexander Tollmann, benannt.

Holotypus: Taf. 8, Fig. 1.

Aufbewahrung: Sammlung KRISTAN-TOLLMANN, H 30, Geologisches Institut der Universität Wien.

Locus typicus: SE-Seite des Steinbruches der „Burgenländischen Kreide-AG". 150 m SW Kote 334, Westseite des „Äußeren Berges", 1,8 km NW Müllendorf im Burgenland.
Stratum typicum: Miozän, Mittel-Torton, Sandschalerzone; Mergellinse in kreidigem Leithakalk.
Material: Etliche Exemplare.
Diagnose: Typusart der Gattung *Alexandrites* n. gen. mit folgenden Besonderheiten: Breit birnenförmig umgrenzter, stark durchgebogener Sklerit mit verdickter Mittelachse und längerem, verdicktem Schmalteil. Rand glatt, unten nahezu gerade.
Beschreibung: Sklerit breit birnenförmig umrissen mit glattem Rand; am unteren breiten Ende nahezu gerade, seitlich in der oberen Hälfte des breiten Teiles eingebuchtet, sich rasch zum schmalen Ende verjüngend. Schmaler Teil langgezogen, gegen oben mählich schmäler werdend, verdickt. Die Verdickung setzt sich in der Mitte des breiten Teiles in der Längsachse fort. Sklerit stark durchgebogen, auf der konvexen Seite etwas ausgehöhlt. Löcher glattrandig, rundlich, zahlreich, kleiner auf der konkaven Seite, größer auf der konvexen Seite, ungleichmäßig verteilt, nicht durchgehend, sondern auf jeder der vielen Lagen selbständig angeordnet. Der Schmalteil schließt oben breit gerundet und glatt ab, zeigt ganz kleine oder keine Löcher und ist auf der konvexen Seite leicht eingedellt. Der Holotypus ist oben und unten randlich leicht beschädigt. Die Sklerite sind zart und leicht zerbrechlich.
Maße des Holotypus: Höhe 0,33 mm, Breite 0,24 mm.
Paratypoid (Taf. 9, Fig. 1): Höhe 0,38 mm, Breite 0,34 mm.

Fam.: Calcancoridae
Genus: *Calcancora* FRIZZELL & EXLINE, 1955
Calcancora arduohamata n. sp.
(Taf. 2, Fig. 1, 3—5)

Derivatio nominis: Nach der steilen, spitzwinkeligen Hakenorientierung.
Holotypus: Taf. 2, Fig. 5.
Aufbewahrung: Sammlung KRISTAN-TOLLMANN, H 31, Geologisches Institut der Universität Wien.
Locus typicus: Brunnengrabung vom Gewerkschaftshaus Eisenstadt, Wienerstraße, 4,5 m Tiefe. Burgenland, Österreich.
Stratum typicum: Miozän, Mittel-Torton, Bolivinenzone; feinschichtige Mergel mit *Uvigerina venusta liesingensis* TOULA und *Bolivina dilatata* REUSS.
Material: 17 Exemplare.

Diagnose: Eine Art der Gattung *Calcancora* FRIZZELL & EXLINE, 1955 mit folgenden Besonderheiten: Etwas gewinkelt aufgebogene Ankerhaken mit abwärts gerichteter Bezähnelung an der Unterseite. Glatter Knauf mit knopfartiger Verdickung in der Mitte. Schaft im oberen Viertel gebogen und innen verdickt, Haken aus der Ebene des Schaftes nach außen herausgebogen.

Beschreibung: Sklerite in Form von verschieden langen, schlanken Ankerhaken. Haken unten nahezu eben, dann etwas eckig aufwärts gebogen und seitlich mit abwärts gerichteten Zacken versehen. Von oben betrachtet, ist der Schaft gleichbleibend dick, um sich erst knapp vor dem Knauf randlich einzudellen. Der Knauf zeigt bei nicht abgeriebenen Exemplaren in der Mitte eine knopfartige Verdickung. Seitlich gesehen ist der Schaft im oberen Viertel gebogen und innen verdickt und spitzt sich gegen oben wieder zu. Auch die Hakenenden sind aus der Ebene des Schaftes nach außen herausgebogen. Knauf nicht gezähnelt. Anker sehr zart und zerbrechlich.

Maße des Holotypus: Länge 0,21 mm.

Beziehungen: Von *Calcancora gallica* FRIZZELL & EXLINE aus dem Eozän unterscheidet sich unsere Art durch die längeren, stärker aufgebogenen Hakenenden, den nicht gezähnelten Knauf und vermutlich auch durch den gebogenen, verdickten Schaft. Von *Calcancora mississippiensis* FRIZZELL & EXLINE aus dem Oligozän durch den zarteren Bau, die unten gerader ansetzenden und steilwinkeliger aufgebogenen Hakenenden, die heruntergebogenen Knaufenden und wahrscheinlich ebenfalls durch den gebogenen Schaft. Gegenüber *Calcancora chaussiensis* FRIZZELL & EXLINE aus dem Eozän mit ebenfalls gewinkelten Haken hat unsere Art gezähnelte Haken, und der Schaft bleibt bis knapp unterhalb des Knaufes gleich breit.

Bemerkung: Als Holotypus mußte Fig. 5 gewählt werden, da bei der Untersuchung die Exemplare Fig. 1 und 4 gebrochen sind.

Literaturverzeichnis

CUÉNOT, L.: Classe des holothurides. S. 82—120, Fig. 102—141; in: P. P. GRASSÉL (Hg.): Traité de Zoologie, *11*, Paris (Masson) 1948.

DEFLANDRE-RIGAUD, M.: Classe des holothurides. S. 948—957, Fig. 1—31; in: J. PIVETEAU (Hg.): Traité de Paléontologie, *3*, Paris (Masson) 1953.

— Sur quelques sclérites d'holothurides de l'oligocène moyen d'Innien, Holstein. — Rev. Micropaléont., *1*, No. 4, 190—200, Taf. 1—3, Paris 1958.

— Contribution à la connaissance des sclérites d'holothurides fossiles. — 135 S., 149 Fig., 5 Taf., Paris (Lab. Micropal. Mus.) 1961.

— Contribution à la connaissance des sclérites d'holothurides fossiles. — Mém. mus. nat. hist. nat., sér. C, *11*, fasc. 1; 123 S., 149 Fig., 5 Taf., Paris 1962.

FRIZZELL, D. L. & EXLINE, H.: Monograph of fossil holothurian sclerites. — Bull. Univ. Missouri school of mines and metall., techn. ser., *89*, 204 S., 21 Fig., 11 Taf., Rolla 1955.

— Micropaleontology of holothurian sclerites. — Micropaleontology, *1*, No. 4, 335—342, 2 Fig., New York 1955.

— Holothurians. — Mem. Geol. Soc. America, *67*, 983—986, New York 1957.

— Revision of the family Synaptitidae, fossil holothurian sclerites. — Anal. Soc. Geol. Peru, 1. congr. nat., parte II, tom. *32*, 97—119, Fig. 1—6, Lima 1957.

HODSON, F., HARRIS, B. & LAWSON, L.: Holothurian spicules from the Oxford Clay of Redcliff, near Weymouth (Dorset). — Geol. Magazine, *93*, 336—344, 25 Fig., Hertford 1956.

KRISTAN-TOLLMANN, E.: Holothurien-Sklerite aus der Trias der Ostalpen. — Sitzber. Akad. Wiss. Wien, math.-natwiss. Kl., Abt. I, *172*, 351—380, 2 Textabb., Taf. 1—10, Wien 1963.

— Beiträge zur Mikrofauna des Rhät. I. Weitere neue Holothuriensklerite aus dem alpinen Rhät. — Mitt. Ges. Geol. Bergbaustud. Wien, *14*, 1963, 125—134, 1 Abb., Wien 1964.

KÜHN, O.: Unsere paläontologische Kenntnis vom österreichischen Jungtertiär. — Verh. Geol. B.—A., 1952, Sonderh. C, 12 S., Wien 1952.

LANGENHEIM, R. L. & EPIS, R. C.: Holothurian sclerites from the Mississippian Escabrosa limestone, Arizona. — Micropaleontology, *3*, 2, 165—170, Fig. 1, Taf. 1, Tab. 1—3, New York 1957.

MÜLLER, A. H.: Sklerite von Holothuroidea aus der Schreibkreide (Unteres Maastricht) von Rügen. — Geologie, *13*, 223—231, 6 Abb., Taf. 1—2, Berlin 1964.

PAPP, A. & KÜPPER, K.: Holothurien-Reste aus dem Torton des Wiener Beckens. — Sitzber. Akad. Wiss. Wien, math.-natwiss. Kl., Abt. I, *162*, 49—51, Taf. 1, Wien 1953.

POČTA, P.: Über fossile Kalkelemente der Alcyonarien und Holothuriden und verwandte recente Formen. — Ebenda, *92*, 1885, 7—12, Taf. 1, Wien 1886.

SCHLUMBERGER, C.: Note sur les Holothuridées du Calcaire grossier. — Bull. Soc. géol. France, 3ᵉ sér., *16*, 437—441, 14 Fig., Paris 1888.

— Seconde note sur les Holothuridées fossiles du Calcaire grossier. — Ebenda, *18*, 191—206, 44 Fig., Paris 1890.

SPANDEL, E.: Eine fossile Holothurie. — Abh. Naturhist. Ges. Nürnberg, *13*, 1899, 45—56, 5 Fig., Nürnberg 1900.

TOLLMANN, A.: Das Neogen am Nordwestrand der Eisenstädter Bucht. — Wiss. Arb. Burgenland, *10*, 75 S., 7 Abb., 3 Taf., 8 Tab., Eisenstadt 1955.

Erläuterung zu den Tafeln

Tafel 1

Fundorte:
    Fig. 1—5, 7—9. Eisenstadt. Mittel-Torton, Bolivinenzone.
    Fig. 6. Rauchstallbrunngraben bei Baden. Unter-Torton, Obere Lagenidenzone.
Fig. 1. *Stichopites subsymmetricus* n. sp., Holotypus .... S. 81
Fig. 2. *Theelia eisenstadtensis* n. sp., Holotypus .... S. 89
Fig. 3, 4. *Croneisites insignis* n. sp. .... S. 92
    Fig. 3. Holotypus von außen.
    Fig. 4. Bruchstück einer großen Platte.
Fig. 5. *Synaptites aspis* n. sp., Holotypus von innen .... S. 91
Fig. 6. *Croneisites pappi* (DEFLANDRE-RIGAUD) .... S. 93
Fig. 7—9. *Croneisites incrassatus* n. sp. .... S. 93
    Fig. 7. Holotypus von innen.

Tafel 2

Fundort: Eisenstadt. Mittel-Torton, Bolivinenzone.
Fig. 1, 3—5. *Calcancora arduohamata* n. sp. .... S. 96
    Fig. 5. Holotypus.
Fig. 2. *Pachopsites annulatus* n. gen. n. sp., Holotypus .... S. 94

Tafel 3

Fundort: Müllendorf. Mittel-Torton, Sandschalerzone.
Fig. 1—4. *Croneisites insignis* n. sp. .... S. 92
Fig. 5—7. *Theelia müllendorfensis* n. sp. .... S. 89
    Fig. 7. Holotypus.

Tafel 4

Fundorte:
    Fig. 1, 2. Rauchstallbrunngraben bei Baden. Unter-Torton, Obere Lagenidenzone.
    Fig. 3—8. Müllendorf. Mittel-Torton, Sandschalerzone.
Fig. 1—6. *Calclamnoidea kupperi* (DEFLANDRE-RIGAUD) .... S. 82
    Fig. 1. Holotypus. Aus dem Material PAPP & KÜPPER, dort auf Taf. 1 als Fig. 2 abgebildet.
    Fig. 2. Paratypoid Nr. 1 aus dem Material PAPP & KÜPPER, dort Taf. 1, Fig. 1.
    Fig. 3—4. Lockere Anordnung der Löcher.
    Fig. 5—6. Regelmäßigere Reihung der Löcher.
Fig. 7, 8. *Calclamnoidea goniaia* n. sp. .... S. 83
    Fig. 8. Holotypus.

Tafel 5

Fundort: Müllendorf. Mittel-Torton, Sandschalerzone.

Fig. 1. *Calclamnoidea spania* n. sp., Holotypus .... S. 83
Fig. 2. *Calclamnoidea medioangusta* n. sp., Holotypus .... S. 84
Fig. 3. *Calclamnoidea ocellata* n. sp., Holotypus von beiden Seiten .... S. 85

Tafel 6

Fundort: Müllendorf. Mittel-Torton, Sandschalerzone.

Fig. 1, 2. *Eocaudina subtrigonalis* n. sp. .... S. 86
    Fig. 1: Holotypus.

Tafel 7

Fundort: Müllendorf. Mittel-Torton, Sandschalerzone.

Fig. 1, 2. *Mortensenites reticulatus* n. sp. .... S. 86
    Fig. 2. Holotypus.
Fig. 3. *Mortensenites hemisphaericus* n. sp., Holotypus .... S. 88

Tafel 8

Fundort: Müllendorf. Mittel-Torton, Sandschalerzone.

Fig. 1. *Alexandrites alexandri* n. gen. n. sp. .... S. 95
    Holotypus von drei Seiten: 1a konvexe Seite, 1b Seitenansicht, 1c konkave Seite.

Tafel 9

Fundort: Müllendorf. Mittel-Torton, Sandschalerzone.

Fig. 1. *Alexandrites alexandri* n. gen. n. sp. .... S. 95
    Paratypoid. 1a konkave Seite, 1b konvexe Seite.

Zu: E. Kristan-Tollmann, Holothurien-Sklerite usw. Tafel 1

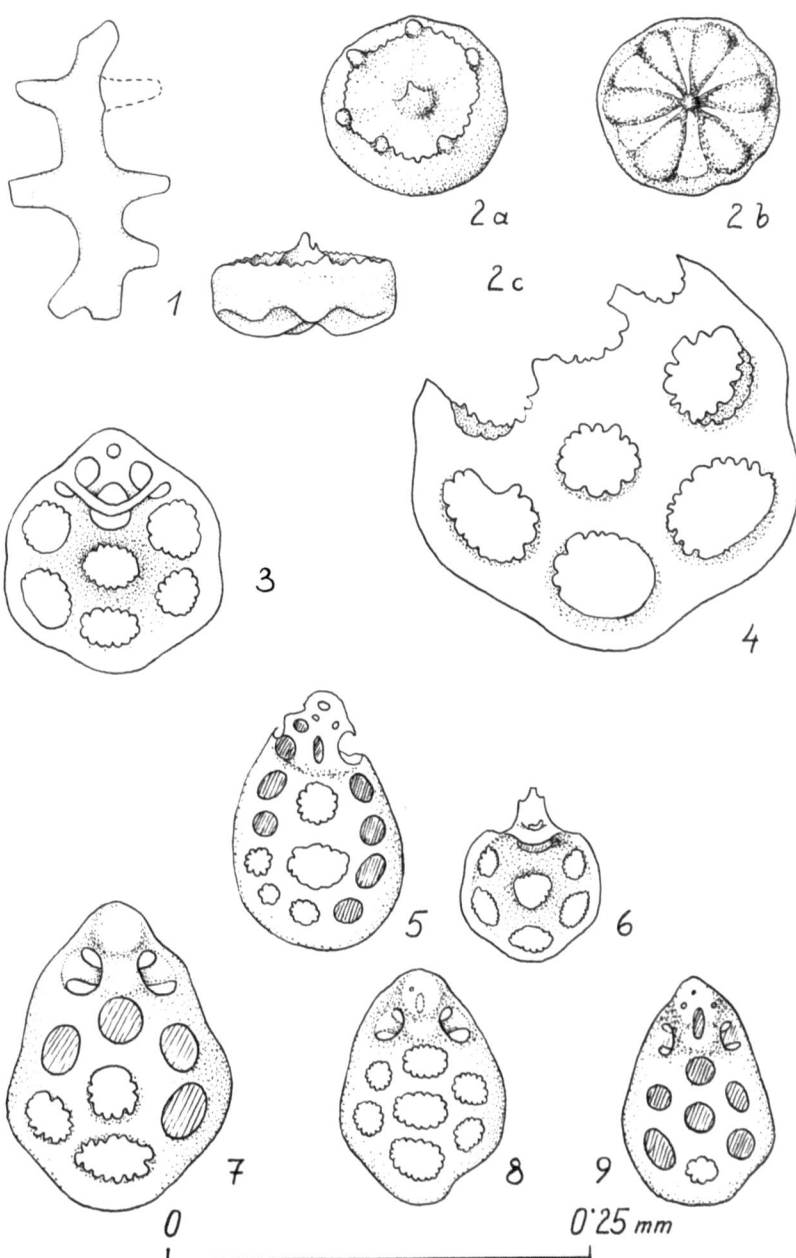

Zu: E. Kristan-Tollmann, Holothurien-Sklerite usw. Tafel 2

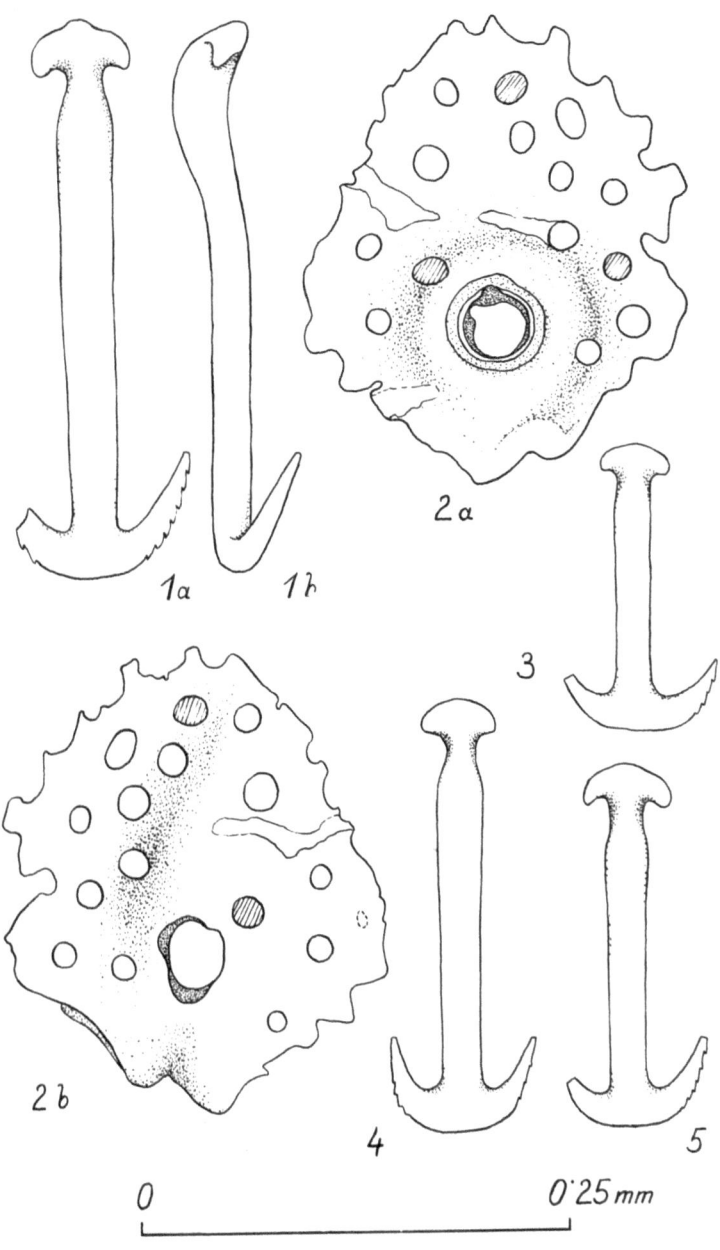

Zu: E. KRISTAN-TOLLMANN, Holothurien-Sklerite usw. Tafel 3

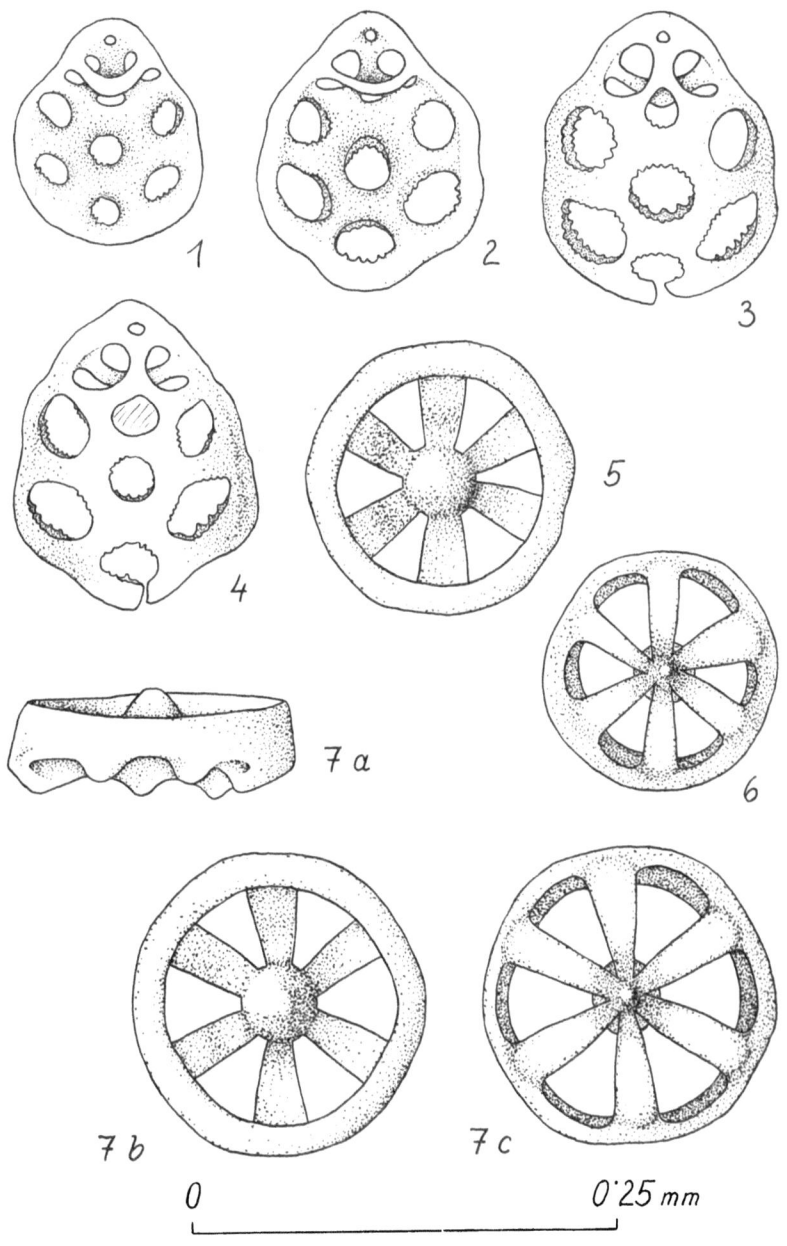

Zu: E. KRISTAN-TOLLMANN, Holothurien-Sklerite usw. Tafel 4

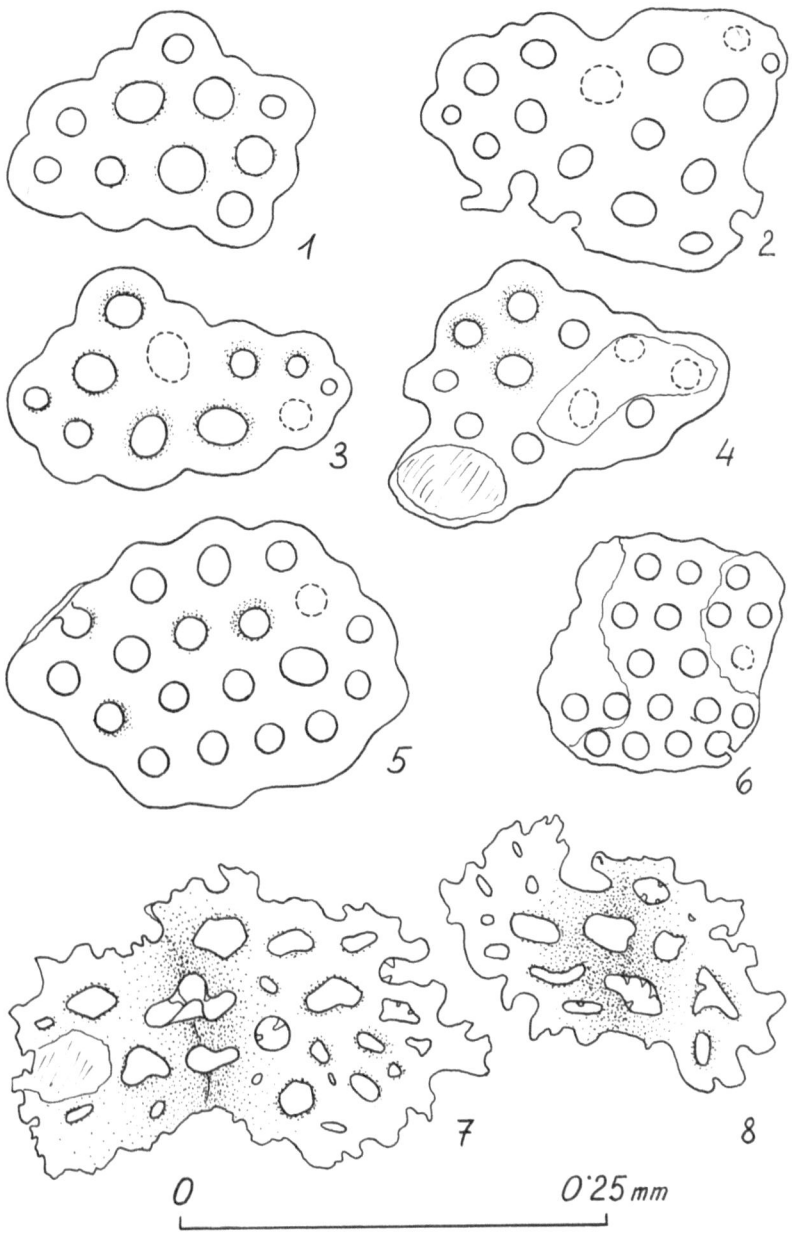

0   0·25 mm

Zu: E. Kristan-Tollmann, Holothurien-Sklerite usw.   Tafel 5

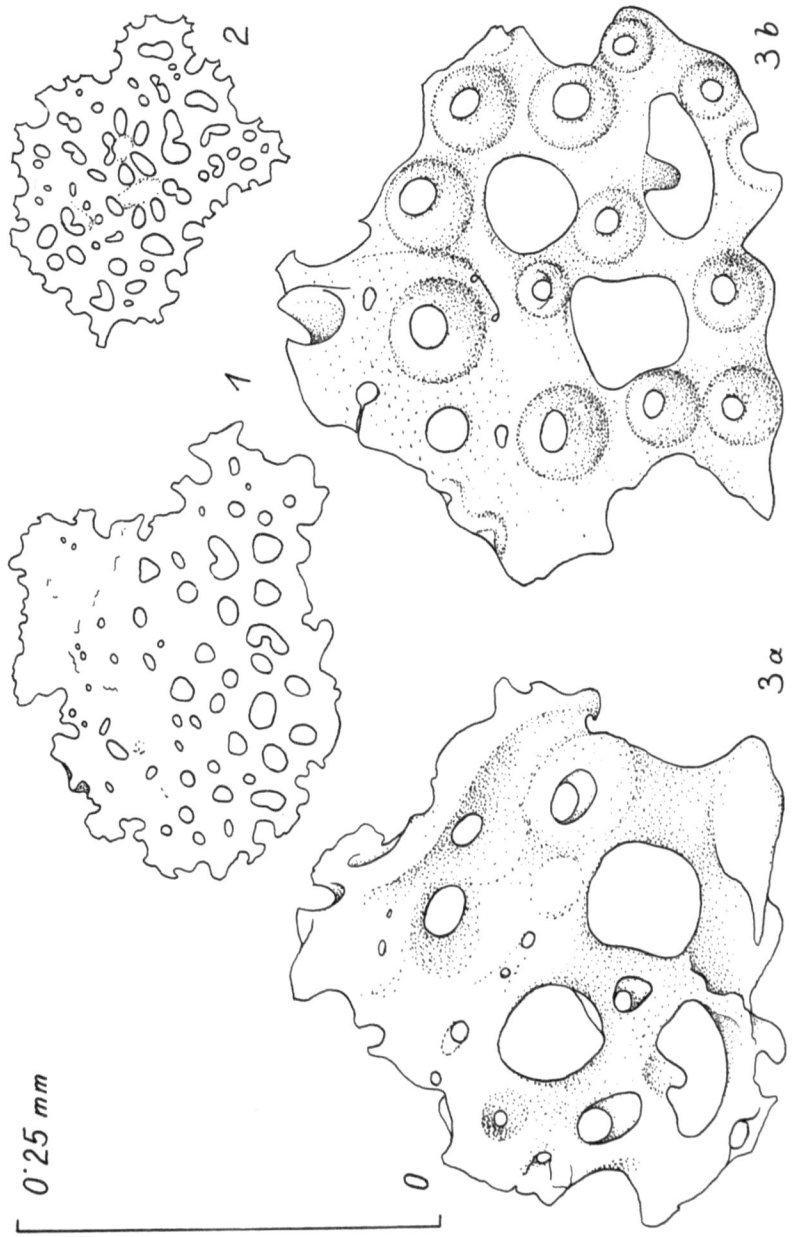

0·25 mm

Zu: E. KRISTAN-TOLLMANN, Holothurien-Sklerite usw.   Tafel 6

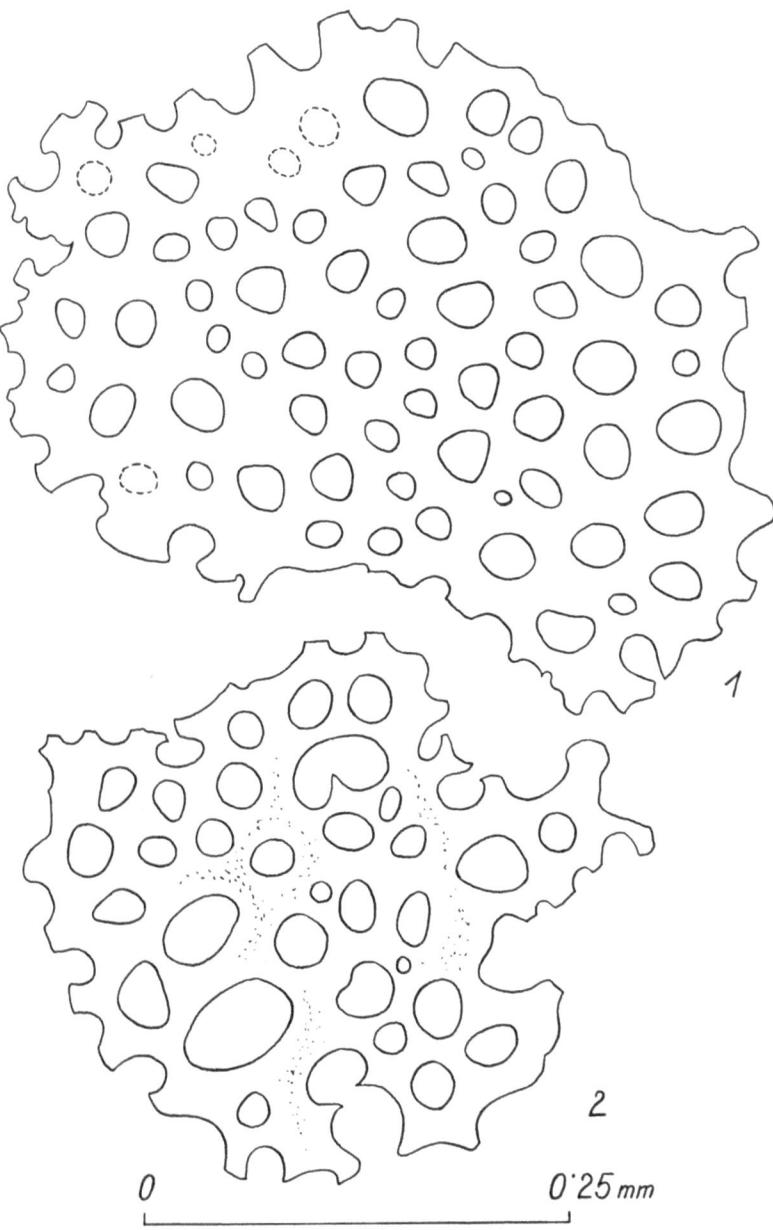

0   0·25 mm

Zu: E. Kristan-Tollmann, Holothurien-Sklerite usw.   Tafel 7

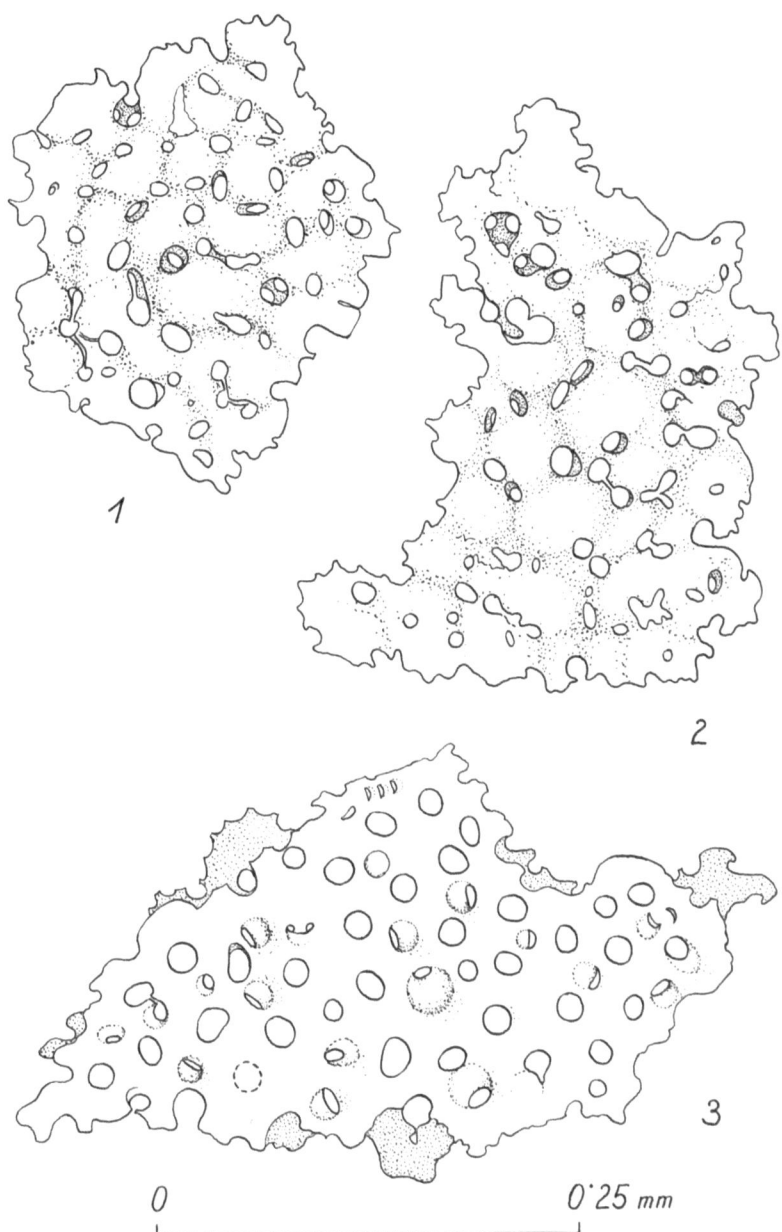

Zu: E. Kristan-Tollmann, Holothurien-Sklerite usw. Tafel 8

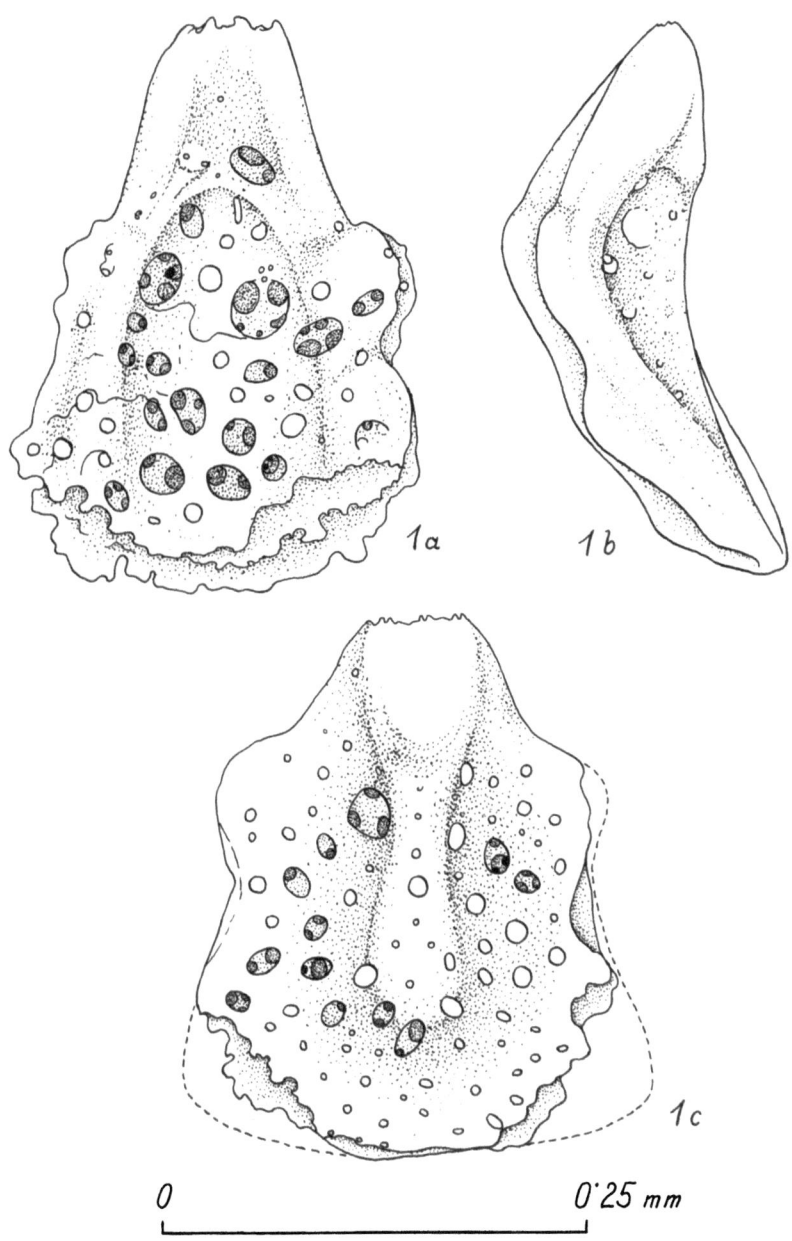

Zu: E. K ristan-Tollmann, Holothurien-Sklerite usw. Tafel 9

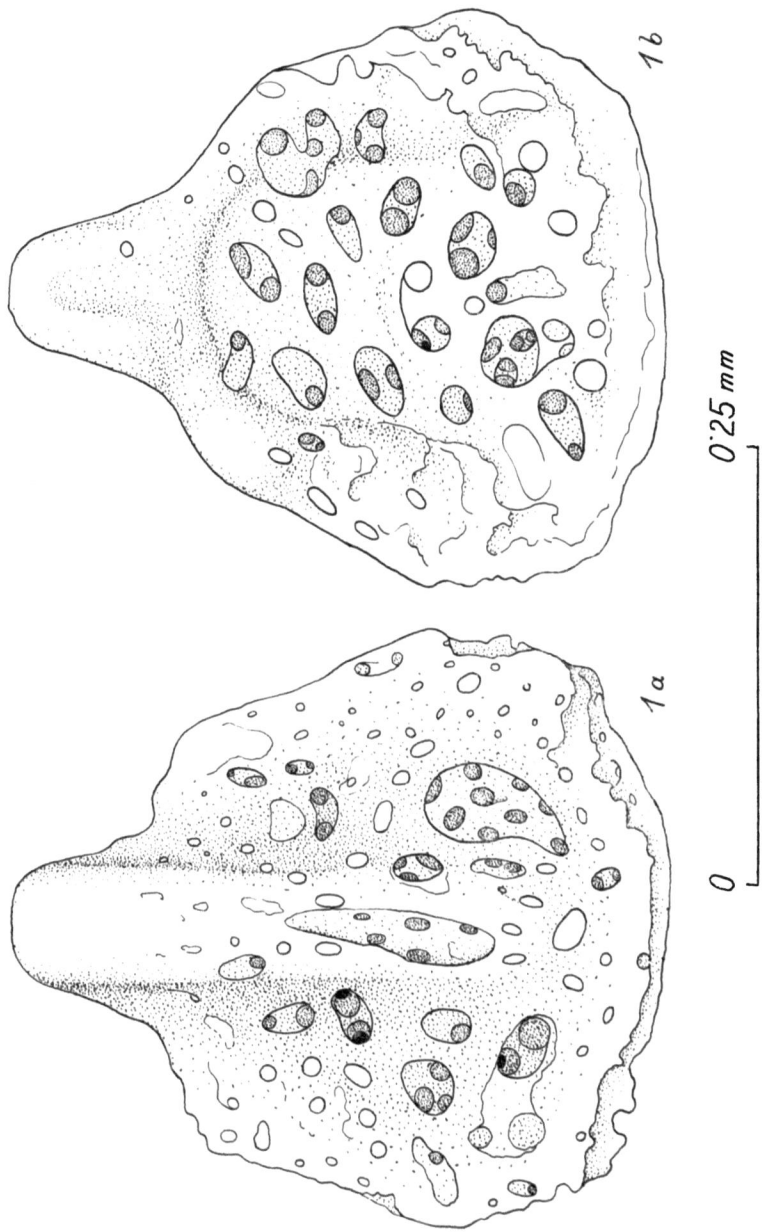

Die in den Sitzungsberichten Abtlg. I und Abtlg. II der math.-nat. Klasse der Österr. Ak. d. Wiss. erscheinenden Abhandlungen werden auch einzeln abgegeben. Sie können durch jede Buchhandlung oder direkt durch die Auslieferungsstelle der Österreichischen Akademie der Wissenschaften (Wien I, Singerstraße 12) bezogen werden.

Nachfolgende Abhandlungen aus dem Fache **Botanik** (Biologie) sind erschienen:

1957 (S I Bd. 166):

Politis J.: Über die „Tanninoplasten" oder Gerbstoffbildner der Crassulaceae (mit 2 Textabbildungen und 1 Tafel). S 6.—
Politis J.: Über einen neuen Pflanzenfarbstoff in den Blüten einiger Verbascum-Arten (mit 2 Tafeln). S 5.20
Übeleis Ilse: Osmotischer Wert, Zucker- und Harnstoffpermeabilität einiger Diatomeen (mit 1 Textabbildung). S 30.40

1958 (S I Bd. 167):

Höfler Karl: Permeabilitätsstudien an Parenchymzellen der Blattrippe von Blechnum spicant (mit 5 Textabbildungen). S 45.—
Rechinger K. H., Dulfer H. und Patzak A.: Širjaevii fragmenta astragalogica IV. S 38.10
Url Walter: Zur Wirkung der Atmungsgifte Natriumazid und Dinitrophenol auf die Permeabilität von Blechnum spicant-Zellen (mit 3 Textabbildungen). S 25.—
Wawrik Friederike: Hochgebirgs-Kleingewässer im Arlberggebiet III (mit 3 Textabbildungen und 1 Tafel). S 18.90

1959 (S I Bd. 168):

Biebl Richard: Röntgenstrahlenwirkungen auf Commelinaceenstecklinge (Total- und Partialbestrahlungen) (mit 9 Tabellen und 5 Textabbildungen). S 31.20
Höfler Karl: Über die Gollinger Kalkmoosvereine (mit 1 Textabbildung und 1 Tafel). S 34.50
Höfler Karl und Fetzmann Elsa Leonore: Algen-Kleingesellschaften des Salzlackengebietes am Neusiedler See I (mit 1 Tafel). S 21.50
Hustedt Friedrich: Die Diatomeenflora des Salzlackengebietes im österreichischen Burgenland (mit 31 Textabbildungen und 1 Tafel). S 53.90
Luhan Maria: Zur Wurzelanatomie unserer Alpenpflanzen. IV. Compositae (mit 9 Textabbildungen und 4 Tafeln). S 36.90
Pfoser Karl: Vergleichende Versuche über Verholzungsreaktionen und Fluoreszenz (mit 2 Textabbildungen und 2 Tafeln). S 18.70
Rechinger K. H., Dulfer H. und Patzak A.: Širjaevii fragmenta astragalogica. S 29.40
Wendelberger Gustav: Die Vegetation des Neusiedler See-Gebietes. S 7.20

1960 (S I Bd. 169):

Bolay Erika: Die Vitalfärbung voller Zellsäfte und ihre cytochemische Interpretation (mit einer Textabbildung und 5 Tafeln). S 49.—
Ehrendorfer F.: Neufassung der Sektion Lepto-Galium Lange und Beschreibung neuer Arten und Kombinationen (zur Phylogenie der Gattung Galium, VII). S 12.—
Franz Gertrude: Die Mikroflora einiger Standorte im Leithagebirge in ihrer Abhängigkeit von Boden und Vegetationsdecke (mit 22 Textabbildungen). S 88.—
Pruzsinszky S.: Über Trocken- und Feuchtluftresistenz des Pollens (mit 12 Abbildungen auf 6 Tafeln). S 63.40

1961 (S I Bd. 170):

Fetzmann Elsalore, Vegetationsstudien im Tanner Moor (Mühlviertel, Oberösterreich) (mit 2 Textabbildungen und 2 Tafeln). S 170—3, S 23.—
Pruzsinszky Siegfried und Url Walter, Ein Beitrag zur Desmidiaceenflora des Lungaues. S 170—1, S 9.—
Rechinger K. H., Dulfer H. und Patzak A., Širjaevii fragmenta astragalogica XIII. bis XVII. Teil. S 170—2, S 56.—

1962 (S I Bd. 171):

Niklfeld Harald, Über die Pflanzengesellschaften der Fels- und Mauerspalten Südfrankreichs (mit 1 Textabbildung und 1 Falttabelle) 171—23, S 52.—
Url Walter, Permeabilitätsversuche an Stengelepidermiszellen von Gentiana germanica und Gentiana ciliata (mit 3 Textabbildungen) 171—16, S 40.—

MIX
Papier aus verantwortungsvollen Quellen
Paper from responsible sources
FSC® C105338

If you have any concerns about our products,
you can contact us on
ProductSafety@springernature.com

In case Publisher is established outside the EU,
the EU authorized representative is:
**Springer Nature Customer Service Center GmbH
Europaplatz 3, 69115 Heidelberg, Germany**

Printed by Libri Plureos GmbH
in Hamburg, Germany